Práxedes Maribel Mora Plúas
Leonardo Conde Suárez
Jacqueline Suárez Herrera

Incidência da tecnologia como ferramenta pedagógica

Práxedes Maribel Mora Plúas
Leonardo Conde Suárez
Jacqueline Suárez Herrera

Incidência da tecnologia como ferramenta pedagógica

para facilitar a aprendizagem da matemática

ScienciaScripts

Cover image: www.ingimage.com

This book is a translation from the original published under ISBN 978-613-9-40116-1.

Publisher:
Sciencia Scripts
is a trademark of
Dodo Books Indian Ocean Ltd. and OmniScriptum S.R.L publishing group

120 High Road, East Finchley, London, N2 9ED, United Kingdom
Str. Armeneasca 28/1, office 1, Chisinau MD-2012, Republic of Moldova, Europe
Printed at: see last page
ISBN: 978-620-7-70085-1

AUTORES

PRAXEDES MARIBEL MORA PLUAS

CORREIO: MARYMORAPLUAS73@GMAIL.COM

HTTPS://ORCID.ORG/0000-0003-1758-819X UNIDADE DIDÁCTICA

"TENIENTE HUGO ORTIZ

PAÍS ECUADOR

JACQUELINE VIKY SUAREZ HERRERA

E-MAIL: JACQUELINESUAREZHERRERA@GMAIL.COM

HTTPS://ORCID.ORG/0009-0000-4614-4411

UNIDAD EDUCATIVA DEL MILENIO "RAÚL ALFREDO VERA VERA"

PAÍS EQUADOR

LEONARDO OMAR CONDE SUAREZ

CORREIO: LEONARDOCONDESUAREZ@GMAIL.COM

HTTPS://ORCID.ORG/0000-0002-0693-7764 UNIDAD EDUCATIVA

FISCAL "LOS VERGELES".COUNTRY ECUADOR

CONTEÚDO

O IMPACTO DA TECNOLOGIA COMO FERRAMENTA PEDAGÓGICA PARA FACILITAR A APRENDIZAGEM DA MATEMÁTICA

RESUMO

A importância da tecnologia como ferramenta pedagógica para facilitar a aprendizagem da matemática através da conceção de estratégias e implementação de seminários e workshops para professores e representantes legais. O objetivo é incorporar as ferramentas TIC (Tecnologias de Informação e Comunicação) no trabalho do professor, a fim de proporcionar aos alunos os conhecimentos, as competências e os procedimentos necessários para os desenvolver no guia didático da instituição de ensino. Os conteúdos das oficinas são divididos de forma sequencial e esquemática, em que será socializado o conteúdo de um guia didático em que se dá a conhecer a utilização de ferramentas disponíveis na web para o processo de ensino-aprendizagem da matemática. Cada uma destas ferramentas permitirá aos alunos motivar e inovar o ensino educativo no novo milénio e ao mesmo tempo tirar partido destas potencialidades, permitindo-lhes promover o trabalho colaborativo em rede para a troca de ideias e experiências através da utilização adequada da tecnologia na disciplina de matemática. A tecnologia educativa foi concebida para ajudar os educadores a planear e controlar o processo de aprendizagem de uma forma mais eficiente, sendo isto possível graças à utilização de recursos como smartphones, computadores, televisões, entre outros. O desenvolvimento destas técnicas foi estabelecido há décadas para otimizar a apresentação e a compreensão dos conteúdos educativos aos alunos.

Palavras-chave: utilização da tecnologia; estratégias; aprendizagem; ferramentas pedagógicas; seminário

INTRODUÇÃO

As tendências do ensino estão atualmente orientadas para o reforço das competências, dos conhecimentos e dos valores fundamentais para a aprendizagem. Os avanços tecnológicos são identificados como um recurso valioso capaz de acompanhar o ensino de diferentes áreas de estudo em qualquer nível educativo, o que exige inquestionavelmente uma revolução tanto na investigação como no ensino, a fim de tirar partido do potencial oferecido pelas tecnologias como ferramentas pedagógicas no domínio educativo.

A utilização adequada da tecnologia na sala de aula de matemática depende do professor, com qualquer te3 e aplicações web para conceber tarefas de uma forma interactiva para os alunos.Os alunos que utilizam ferramentas tecnológicas parecem trabalhar independentemente do professor; esta é uma impressão enganadora, o professor desempenha papéis importantes numa sala de aula que é enriquecida com a utilização da tecnologia.O professor desempenha um papel importante numa sala de aula enriquecida com o uso da tecnologia, tomando decisões que perturbam o processo de aprendizagem dos alunos de forma importante, é o professor que decide se, quando ou como usar a tecnologia; os alunos usam calculadoras e computadores na sala de aula, o professor assume a oportunidade de observar como eles realizam o seu raciocínio lógico matemático para alguns é difícil de observar noutras circunstâncias em que os mesmos resultados esperados não são obtidos.A tecnologia permite que os professores examinem os métodos que os alunos seguiram nas suas investigações matemáticas, bem como os resultados alcançados, aumentando assim a informação disponível nesta área do currículo que eles usam ao tomar decisões de ensino.

TECNOLOGIA

A era digital mudou todos os aspectos da nossa vida quotidiana e a educação não é exceção. À medida que a parte industrial vai sendo substituída pela era informática, a educação enfrenta grandes desafios e necessidades; fazer parte da inovação digital através da integração da tecnologia, conhecida como tecnologia educativa na educação. A integração das novas tecnologias nas escolas alterou de tal forma os métodos de ensino que deu lugar a uma cultura digital nas escolas. Na sala de aula, esta explicação não é suficiente para compreender a sua influência atual, pelo que é necessário descobrir o seu papel hoje. As soluções para os problemas educativos situam-se na utilização das tecnologias da informação, ou seja, na utilização de computadores ou de diversos dispositivos de telecomunicações para armazenar, transferir e manipular dados, para fins educativos. Atualmente, o pessoal dos diferentes centros educativos tem acesso à Internet, a computadores, a quadros digitais, a telemóveis e a tablets para partilhar conhecimentos ou organizar aulas e tarefas; adaptando com sucesso os métodos educativos à era digital, proporcionando a professores e alunos recursos de aprendizagem onde podem obter informações sobre a introdução de novas tecnologias, que também abrem novos espaços de lazer e expressão, como jogos e blogues no seu ensino e aprendizagem.A tecnologia responde ao desejo e à vontade das pessoas de transformar o nosso ambiente, transformar o mundo que as rodeia, procurando novas e melhores formas de satisfazer os desejos, as diferentes necessidades de desenvolvimento, conceção e implementação de produtos obtidos através da aplicação de estratégias, métodos e processos utilizados para a sua fácil aplicação.Segundo (Ruiz, 2012), nestes tempos em que os nossos governantes estão a tentar desmantelar os ensinamentos tecnológicos, não é supérfluo explicar que é a Tecnologia, porque é importante, e porque deve ser ensinada. Os autores sublinham que a tecnologia é um conjunto de conhecimentos e competências que, quando utilizados de forma lógica e metódica, permitem ao ser humano alterar o seu ambiente. A tecnologia é a atividade humana e os seus resultados, pelo que existem muitos sistemas que nos permitem interagir, mover, vestir, comer e criar coisas novas de acordo com as necessidades da sociedade atual; é um dos recursos mais poderosos, versáteis e vitais da nossa espécie, capaz de transformar o nosso ambiente e até o nosso próprio corpo e mente. É o resultado de um desenvolvimento cultural e científico a longo prazo e representa um enorme poder e risco.A tecnologia também se tornou um objeto de consumo quotidiano nos dias de hoje, desencadeando o surgimento de um mercado tecnológico e de uma cultura de consumo dos chamados gadgets e dispositivos, mais ou menos para fins decorativos e recreativos, mas a tecnologia de ponta continua a esforçar-se para realizar o sonho há muito adiado da humanidade de curar doenças, melhorar a qualidade de vida e explorar as fronteiras do espaço e, no processo, está a aproveitar o conhecimento científico exponencial.Nesta perspetiva (Maricel Occelli & Gatica, 2019) menciona que: O evento educativo é um fenómeno essencialmente comunicacional, que, como tal, é Os ambientes mediados pelas TIC que aprendemos a usar no quadro das interações sociais possibilitadas pela comunicação. Estas interacções ocorrem num processo dialógico e participativo no contexto virtual. As redes sociais são um espaço ideal para visualizar estas relações e ocupam um lugar de destaque na vida pessoal. Estamos conscientes do tempo que os nossos alunos passam nas comunicações sociais, do poder das redes e da informação que nelas se estabelece. O nosso interesse por estes aspetos prende-se com o estudo das redes sociais como ferramentas de ensino e aprendizagem. Iniciámos um trabalho exploratório tomando cinco grupos de ensino do Facebook e analisando os tipos de comunicação, interação e informação neles apresentados (Movsesian e Valeiras, 2015).A tecnologia marcou um antes e depois da pandemia global, a mesma que só servia para as redes sociais, negócios e correio pessoal, as redes sociais tinham como prioridade divulgar os movimentos, estados emocionais, luxos de visitas aos seus utilizadores; lembrando que a maioria dos docentes não sabia o básico de informática, o que os levou a reeducarem-se nesta área tecnológica. A mudança radical provocada pelas redes sociais que serviram de ponte de informação entre professores, alunos e pais, diferentes entidades As universidades públicas criaram cursos tecnológicos e de gestão de diferentes plataformas educativas; atualmente, as ferramentas de burótica são aplicadas nas salas de aula para dotar os alunos de novos conhecimentos.

Princípio da tecnologia

A utilização de computadores aumenta a disparidade social entre os que têm acesso a esta tecnologia e os que não têm. Atualmente, esta disparidade já não se limita aos que possuem computadores e aos que não os possuem, mas também aos que possuem computadores multimédia ligados à Internet. A investigação no domínio da matemática mostra que os novos programas informáticos são agentes didácticos que criam novas situações que não podem ser alcançadas com os meios tradicionais, como o lápis e o papel, que fazem da criança uma entidade passiva. Por conseguinte, pensa-se que a informática educativa pode contribuir significativamente para melhorar o ensino e a aprendizagem, tornando-se essencial para o ensino e a aprendizagem da matemática, uma vez que melhora a aprendizagem dos alunos. Os computadores, as calculadoras e outras tecnologias electrónicas são ferramentas essenciais para ensinar, aprender e "fazer" matemática; fornecem imagens visuais de conceitos matemáticos, facilitam a organização e a análise de dados e permitem cálculos eficientes e precisos. A matemática, incluindo os números, as medidas, a geometria, a estatística e a álgebra, são domínios que podem ajudar os alunos a concentrarem-se quando dispõem de ferramentas tecnológicas. As aplicações para o ensino da matemática devem ser utilizadas com frequência e de forma responsável, a fim de melhorar a aprendizagem da matemática pelos alunos. A tecnologia existe, é versátil e poderosa, tornando possível e necessário reexaminar o que os alunos de matemática devem aprender e a melhor forma de o fazer. Todos os alunos das salas de aula de matemática baseadas nos princípios e normas têm acesso à tecnologia para facilitar a sua aprendizagem da matemática, orientados por um professor de matemática experiente.

Importância da tecnologia.

Hoje em dia, a tecnologia é um dos factores mais importantes para a utilização institucional das instituições, mas será que é realmente gerida de forma adequada na sociedade atual? Muitas pessoas que podem utilizar a tecnologia só pensam na Internet, mas nunca pensam na importância das ferramentas tecnológicas para a gestão da informação de uma instituição e para a sua projeção social. A tecnologia tem tido um impacto significativo na vida humana de várias formas, conduzindo a mudanças significativas, ultrapassando alguns obstáculos que afectam a realidade e demonstrando avanços impressionantes para a sociedade em geral. Atualmente, a tecnologia pode ser utilizada em tudo o que se faz, ajudando e facilitando o dia a dia, desenvolvendo novas capacidades e fornecendo soluções às instituições, entidades ou beneficiários que a utilizam. O valor da tecnologia está quase sempre relacionado com as suas utilizações úteis; de facto, a complicada implementação de tecnologias caras ou complexas dificulta o sucesso, pelo que, por vezes, tecnologias aparentemente rudimentares prevalecem sobre outras muito mais "modernas". Em todo o caso, a tecnologia está frequentemente em constante evolução, o que se refere ao desenvolvimento prático de novas ideias criadas por diferentes disciplinas científicas. Por conseguinte, está estreitamente relacionada com o conceito de inovação tecnológica na educação.

Pilares da tecnologia educativa

As tecnologias mudaram o campo da educação a integração das tecnologias educativas nas escolas e o seu contributo para a educação das crianças e jovens. educação; não é isenta de controvérsia; tem de haver um consenso sobre a necessidade de utilizar os avanços tecnológicos para a aprendizagem na sala de aula.Os problemas educativos são resolvidos com recurso às tecnologias de informação, i. e., a utilização de computadores e outros equipamentos de telecomunicações para armazenamento e manipulação de dados, entendemos que a utilização de dispositivos tecnológicos é para fins educativos.O novo modelo educativo criou três áreas tecnológicas como a programação, a robótica e a informática.O novo modelo educativo criou três áreas tecnológicas como a programação, a robótica e a impressão 3D, sendo estas áreas os pilares fundamentais da tecnologia educativa.

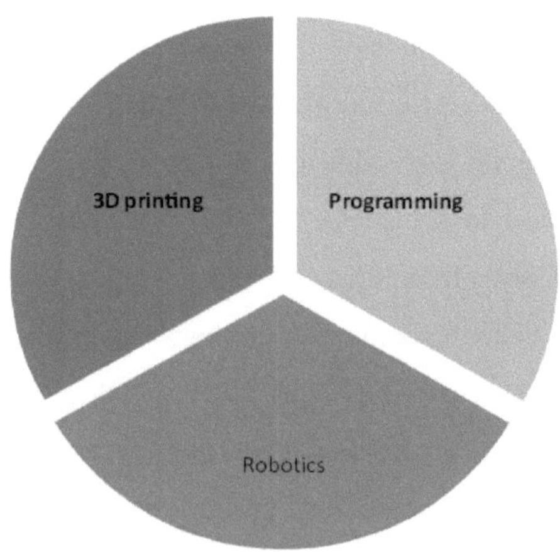

O modelo educativo tem em conta três áreas altamente relacionadas: a tecnologia, a programação, a robótica e a Internet das coisas, sendo disciplinas previsíveis e tendo como objetivo desenvolver as competências dos jovens para terem êxito na sociedade da informação, estas áreas são os pilares da tecnologia educativa:

PROGRAMAÇÃO

A programação é a criação de um programa ou aplicação através do desenvolvimento de código fonte baseado num conjunto de instruções que um computador executa para executar o programa; permite que o computador funcione e execute tarefas solicitadas pelo utilizador. A partir da posição de (VIVES, 2021) ele afirma o seguinte: Uma das características da robótica é que ela é ensinada através da gamificação, ou seja, a aprendizagem é feita através do jogo. Isto permite assimilar conceitos matemáticos, físicos, mecânicos ou informáticos de uma forma divertida e, assim, melhorar a aquisição de competências que fazem parte dos currículos escolares. Do ponto de vista da (Educação, 2020), afirma-se que: A maioria das actividades produtivas no futuro exigirá competências básicas de codificação e programação. Além disso, muitos dos empregos que serão desempenhados no futuro exigirão competências básicas de codificação e programação. As gerações mais jovens ainda não existem, pelo que a programação faz parte das competências do futuro, onde os conhecimentos e as competências informáticas serão indispensáveis. O ensino da programação permite preparar os alunos para o mundo técnico do trabalho, aprendem a identificar erros em problemas complexos, processam o processo de auto-correção, a função da programação é promover a aprendizagem da lógica, da criatividade, da procura de soluções e do empreendedorismo.O ato de programar, ou seja, de organizar uma sequência de acções para conseguir algo, pode ser utilizado em muitos contextos, normalmente quando se organiza uma excursão, umas férias, quando se fala de um programa ou de uma lista de programas num canal de televisão e dos seus horários de emissão, ou de uma lista de filmes num cinema; nos computadores, a programação é também uma parte importante da relação computador-utilizador.

Robótica

A robótica é uma disciplina que ensina um conjunto de instruções para executar autonomamente um dispositivo ou robô, além de aprender a usar a linguagem correta, a programação de robôs também permite que os alunos vejam visualmente os erros de programação e suas limitações; a era digital exige pessoas que saibam programar esses dispositivos para fornecer soluções para as crescentes demandas de ciência e engenharia do futuro local de trabalho.A partir da posição de (VIVES, 2021) ele afirma o seguinte: Uma das características da robótica é que ela é ensinada através da gamificação, ou seja, a aprendizagem é feita através do jogo. Isto torna possível assimilar conceitos matemáticos, físicos, mecânicos ou informáticos de uma forma divertida e, assim, melhorar a aquisição de competências que fazem parte dos currículos escolares. A robótica é um domínio apaixonante que combina engenharia, informática e design criativo, centrando-se na criação, programação e funcionamento de robôs, que são máquinas capazes de realizar tarefas de forma autónoma ou semi-autónoma, alguns dos aspectos da robótica.

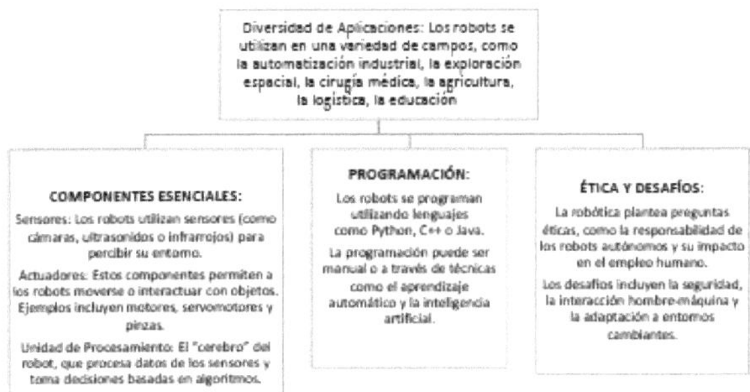

A robótica educativa é a utilização de robôs na sala de aula com o objetivo de os alunos aprenderem através do jogo e adquirirem conhecimentos relacionados com a matemática, a tecnologia, a ciência e a engenharia, tornando-se uma disciplina interdisciplinar que engloba conceitos matemáticos e científicos, bem como competências cognitivas.

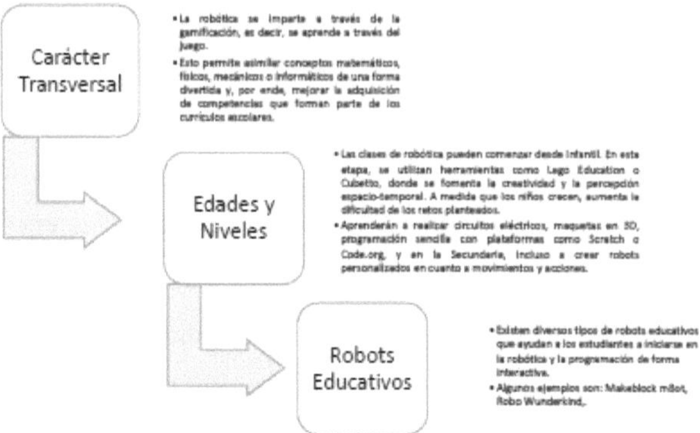

Em suma, a robótica educativa não só ensina conceitos técnicos, mas também competências como a criatividade, o raciocínio lógico e a resolução de problemas, uma ferramenta eficaz para motivar os alunos e prepará-los para um mundo cada vez mais tecnológico.

Impressão 3D

A impressão 3D é um conjunto de tecnologias de fabrico aditivo que criam objectos tridimensionais através do empilhamento de camadas sucessivas de material, no processo de criação de objectos físicos através da colocação de camadas de materiais num modelo digital, assim o processo de criação de um objeto físico em três dimensões a partir de um objeto ou modelo digital utilizando uma impressora 3D, que pode utilizar diferentes técnicas e sobreposições de materiais para criar uma réplica perfeita.Do ponto de vista de (Berchon, 2014) ele afirma o seguinte: A impressão 3D é um conjunto de tecnologias de fabrico aditivo que criam objectos tridimensionais através do empilhamento de camadas sucessivas de material. O processo de criação de objectos físicos através da colocação de camadas de materiais num modelo digital. Trata-se, portanto, do processo de criação de um objeto físico em três dimensões a partir de um objeto ou modelo digital utilizando uma impressora 3D, que pode utilizar diferentes técnicas e camadas de materiais até criar uma réplica perfeita. O leque de aplicações das impressoras 3D na indústria, na medicina e até na vida quotidiana é tão vasto que alguns especialistas se atrevem a afirmar que a utilização desta tecnologia pode revolucionar a indústria e a economia, uma vez que pode reduzir os custos de produção e influenciar a produção; obter empregos. Nos países que produzem bens baratos, por outro lado, há também um debate sobre o quão perigosa é esta ferramenta - qualquer pessoa pode construir uma arma usando projectos encontrados online. No século XXI, a educação deve transferir cada vez mais conhecimentos em grande escala e de forma eficiente, desenvolvendo conhecimentos teóricos e técnicos adaptados às sociedades cognitivas, construindo uma base para as competências futuras e, ao mesmo tempo, será necessário encontrar e definir orientações para estabelecer os parâmetros a nível global. A Unesco, em 1996, estabeleceu uma base sólida para a educação do século XXI, como os pilares da educação:

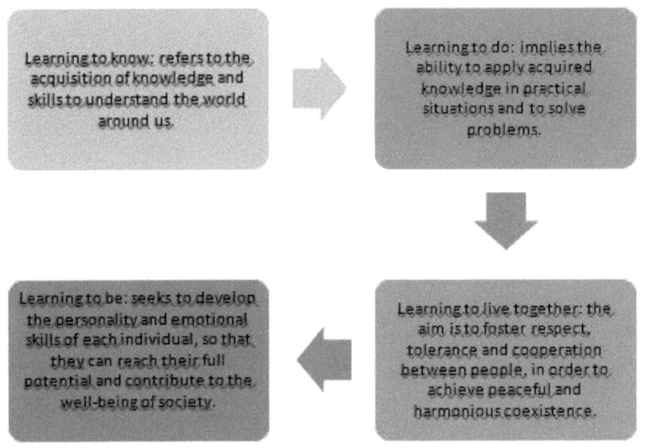

COMPONENTES DA TECNOLOGIA EDUCATIVA

Atualmente, as tecnologias para a aprendizagem e o conhecimento estão no centro das atenções e sustentam diariamente a cultura, a sociedade, o desporto, o entretenimento e, claro, a informação; no entanto, a nível educativo, conceitos como aluno ou professor mudaram, tornando-se guias de aprendizagem, reforçando e praticando conceitos como o trabalho cooperativo. A tecnologia educativa não começa apenas com a utilização de computadores, mas tudo o que está relacionado com a tecnologia educativa permite o desenvolvimento mais claro das actividades na sala de aula, melhorando o processo de ensino e aprendizagem; hoje em dia, a tecnologia educativa é utilizada na pedagogia porque ajuda a melhorar a aprendizagem e a qualidade da educação, devido ao facto de dar aos jovens a facilidade de compreender a matéria com o apoio de áudio, vídeo e imagens.

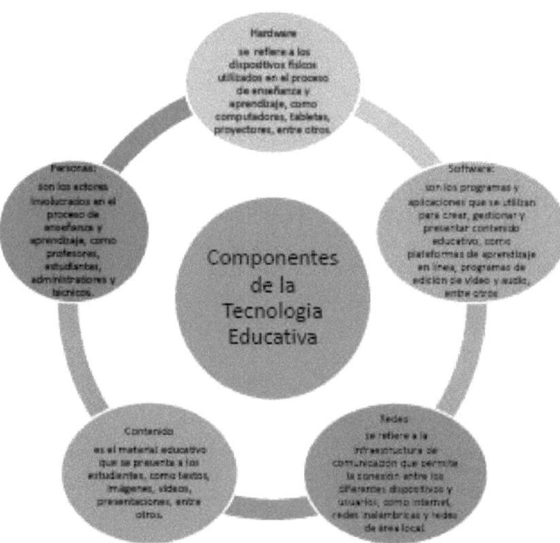

A tecnologia educativa contribui para a transformação do ensino e da aprendizagem, permitindo uma melhor personalização e adaptação às necessidades individuais dos alunos. No entanto, lembre-se de que a tecnologia não substitui totalmente a interação humana e que a sua utilização deve ser cuidadosamente planeada e avaliada para garantir a sua eficácia.

Tipos de tecnologia educativa

A tecnologia é cada vez mais utilizada em todos os aspectos da vida, incluindo a educação. As tecnologias educativas melhoram o processo de aprendizagem, oferecendo novas formas de interação, ferramentas tecnológicas e métodos de ensino mais eficazes. A educação em linha está a tornar-se uma opção cada vez mais popular para quem procura uma educação mais flexível e acessível. A era da tecnologia facilitou o acesso ao ensino em linha de diversas formas, mas é de salientar que existem poucas instituições especializadas e empenhadas em proporcionar aos estudantes os melhores métodos de formação académica. Neste contexto, importa acrescentar que existem muitos tipos de tecnologia educativa à nossa disposição, dos quais os mais notáveis são

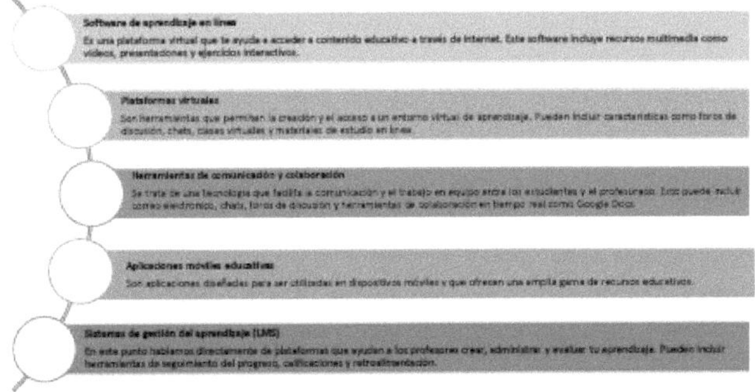

De acordo com o documento (Chavero-Tapia, 2020) descreve que: Uma nova conceção, mais ampla, da educação deve levar cada pessoa a descobrir, despertar e aumentar as suas possibilidades criativas, actualizando assim o tesouro escondido em cada um de nós, o que implica transcender uma visão puramente instrumental da educação, percebida como a via obrigatória para a obtenção de determinados resultados (experiência prática, aquisição de competências diversas, etc.), fins económicos), para considerar a sua função em toda a sua plenitude, nomeadamente a realização da pessoa que, no seu conjunto, aprende a ser (Delors, 1996, p. 92)A utilização da tecnologia pode permitir-lhes conhecer outras culturas, conhecer histórias de pessoas que mudaram o mundo de alguma forma, inspirar e mudar as atitudes das pessoas durante a fase de aprendizagem e ajudá-las a criar melhor a sua visão como profissionais; requer uma formação contínua, e o grande volume de informação processada diariamente por todos os ramos da ciência sublinha a sua importância primordial como recurso educativo basta olhar para a evolução das empresas para compreender e admitir que a formação obsoleta já não pode continuar. Desde a época do artesanato até à nossa, em que a globalização domina o ambiente, as ideias, as inovações tecnológicas impuseram-se e é impossível excluí-las das etapas educativas que todo o futuro profissional qualificado deve percorrer; Conceptualização das TIC (Tecnologias da Informação e da Comunicação) A sociedade atual caracteriza-se pela utilização das novas tecnologias da informação e da comunicação (TIC), o que exige dos seus cidadãos uma série de competências pessoais, sociais e profissionais para fazer face às mudanças impostas nos domínios da ciência e da economia. Acompanhando este mundo em constante mudança, existe um sistema educativo que dá prioridade aos professores, que são vistos como o motor da mudança educativa, pelo que é imperativo que as instituições educativas não deixem de tirar partido dos avanços tecnológicos, os professores começam gradualmente a utilizar as novas tecnologias para promover o desenvolvimento dos processos. Todos podem aceder à informação, os professores necessitam de um crescimento profissional constante, a revolução do século XXI consistirá em compreender os diversos estilos de aprendizagem, conceber e organizar as aulas, estabelecer objectivos e atingi-los, motivar os alunos e incentivar a participação, desenvolver a aprendizagem baseada nos alunos, ajudar os alunos a utilizar diferentes recursos e fontes, incentivar a auto-aprendizagem, a autoavaliação e a investigação, tanto na sala de aula como fora dela.Os investigadores em educação podem criar este perfil de investigação utilizando uma variedade de abordagens, por exemplo, actividades na sala de aula, diários, questionários, experiências, estudos individuais e novas tecnologias. É importante notar que o foco desta investigação é a educação que implementa mudanças estratégicas nas estratégias didácticas, de modo a que a comunicação e a distribuição de materiais (textos) enfatizem a disponibilidade e as potencialidades da tecnologia nas diferentes disciplinas do currículo. A utilização das TIC nas disciplinas que têm impacto no desempenho académico dos alunos pode passar de um simples texto para um guia de ensino da matemática que incentive os alunos a aprender e a aceder à comunicação textual, à comunicação escrita, ao tratamento de dados, à numeracia e à análise de dados numéricos, à análise de dados estatísticos e à expressão gráfica. Estes recursos podem ser utilizados quanto mais a inovação e a tecnologia forem encorajadas, mais atenção e poder de aprendizagem os alunos terão ao utilizar as TIC em disciplinas que são frequentemente complicadas, o que ajudará os alunos a aprender e os professores a ensinar mais eficazmente.

AS TIC NA EDUCAÇÃO

As TIC na educação baseiam-se em três razões de ser na educação:

• É utilizado para a literacia digital dos alunos, que devem adquirir competências básicas na utilização adequada das TIC (Tecnologias da Informação e da Comunicação).
• É produtivo, uma vez que tira partido dos benefícios que proporcionam ao realizar actividades como a preparação de notas, exercícios, (via correio eletrónico) divulgação de informações (professores e alunos da Web).
• Inovar nas práticas de ensino e nas novas possibilidades didácticas proporcionadas pelas TIC para levar os alunos a fazer um melhor trabalho e reduzir o insucesso escolar.

Utilização educativa das TIC no processo de ensino-aprendizagem

Desde o início da escrita até aos dias de hoje, o processo de criação de artefactos, no sentido mais lato do termo, que promovam a preservação e circulação da informação para que a possamos transformar em conhecimento útil tem sido uma atividade constante, havendo quem acredite que as tecnologias de informação e comunicação (TIC) não são assim tão recentes. De acordo com (Rossana, 2021) menciona que: Na sociedade atual, a aliança entre tecnologia, informação e conhecimento tem se dado de forma fundamental para o ambiente de trabalho e pessoal de qualquer profissional, porém, a cada dia surgem inovações tecnológicas que exigem a constante atualização do conhecimento. Portanto, o ambiente educacional deve ser atualizado em termos das mudanças e vantagens oferecidas pelas TIC, sendo uma importante ferramenta didática e pedagógica, razão do desenvolvimento deste tema.Atualmente, todos os aspectos da vida requerem uma gestão eficiente para se comunicar tanto nacional quanto internacionalmente, e todos podem acessar facilmente informações globais através de seus computadores, graças à disponibilidade quase universal desses recursos, o que nos permite manter atualizados, no entanto, em muitos países menos desenvolvidos é difícil acessar essas informações. Existe uma realidade que é um fator comum a todos os países que se verifica nas zonas rurais devido aos seus baixos níveis de desenvolvimento em termos tecnológicos, à falta de equipamentos tecnológicos e linhas de acesso à Internet, à escassa formação de recursos humanos e aos poucos conteúdos referenciados à s realidades dos territórios rurais, aumentando assim um grande fosso entre os sectores urbano e rural.As tecnologias de informação e comunicação (TIC) estão a tornar-se um fator vital na evolução da nova economia global com as rápidas mudanças que estão a ocorrer na sociedade; na última década, as novas ferramentas de tecnologia de informação e comunicação provocaram uma profunda mudança na forma como os indivíduos comunicam e interagem no mundo dos negócios, causando mudanças significativas em diferentes campos. Como refere Alícia Martí (Alícia Martí, 2020) sobre: o uso que fazemos da tecnologia: se a usamos exclusivamente para apresentar conteúdos ou se a usamos para que os alunos possam aceder à informação de forma crítica e até criar e partilhar documentos. "É necessário ter em conta que, em muitos casos, as TIC são utilizadas para apoiar as aulas e estão integradas num modelo de ensino tradicional. Embora as TIC sejam de grande importância social e económica, não são utilizadas de forma adequada e satisfatória nos Estados Unidos e em muitos outros países do mundo. A tecnologia informática faz parte do ambiente em que a vida decorre, pelo que é cada vez mais urgente aprender a viver com ela e a explorar o seu indubitável potencial. É por isso que os professores devem fazer experiências na sala de aula, como refere (NUEZ,

2008): A conceção de aplicações multimédia pressupõe a conjugação de duas partes indissociáveis: a pedagogia e a tecnologia. A pedagogia tem em conta a seleção dos métodos educativos utilizados para conseguir a participação do aluno como entidade ativa e o uso da tecnologia implica a utilização e combinação das modalidades da informática educativa para conseguir um produto informático que cumpra os objectivos propostos.As novas tecnologias informáticas permitem a construção de ambientes virtuais partilhados onde se pode aplicar o conceito de "ambiente de aprendizagem". Os limites de tempo e o acesso remoto são virtualmente eliminados, permitindo uma comunicação persistente para além das fronteiras. No Equador, as pessoas procuram formas de utilizar a tecnologia, mesmo que não a tenham diretamente, nos lares utilizam as TIC da mesma forma que acedem à eletricidade e à água e têm a oportunidade de se adaptar à utilização das novas tecnologias. O relatório do INEC revelou a existência de um fosso no acesso às TIC entre as zonas urbanas e rurais. Os equatorianos estão online, consultam o seu correio eletrónico, lêem jornais e revistas, vêem cartazes de filmes e calendários, descarregam música, navegam em sites de fotografias, acedem a contas do Facebook e conversam com amigos; a educação e a aprendizagem são as principais razões pelas quais as pessoas utilizam as TIC (Tecnologias de Informação e Comunicação) a nível da cidade. A educação e a aprendizagem são as principais razões pelas quais as pessoas usam as TIC (Tecnologias de Informação e Comunicação) a nível da cidade; este resultado pode ser explicado pelo facto de que, embora as escolas e as universidades incentivem os alunos a fazer aplicações online, a utilização varia de acordo com a idade.Embora o acesso às TIC esteja bastante avançado no Equador, a falta de formação adequada dos professores para modernizar os métodos de ensino e o equipamento técnico tem dificultado a introdução das TIC educativas ao nível das instituições de ensino básico no sector público, com uma realidade muito diferente nas instituições privadas e académicas onde predomina a utilização das TIC.

Importância das TIC (Tecnologias da Informação e da Comunicação) no processo de ensino e aprendizagem.

Atualmente, as tecnologias de informação e comunicação tornaram-se ferramentas indispensáveis nas instituições de ensino, pois este recurso abre novas oportunidades para os professores trocarem ideias, métodos, utilizando as TIC como ferramenta para favorecer a tomada de decisões e a utilização das tecnologias de informação e comunicação no ensino e aprendizagem. decisões perante as necessidades educativas do mundo atual em consonância com a sociedade atual.Como expresso por (Ana VIÑALS BLANCO, 2016), sobre o professor na era digital afirma que: Estamos perante um momento de inovação nos pilares fundamentais do atual sistema educativo. Uma mudança que deve ter em conta não só as características de uma sociedade em rede e as características intrínsecas dos nativos digitais, mas também as exigências do mercado de trabalho. Em última análise, o objetivo dos professores é preparar os alunos para a vida, uma vida digital. Até agora, esta adaptação materializou-se na criação de novas competências básicas ligadas, logicamente, às TIC e à noção de aprendizagem ao longo da vida; competências que estão agora em vigor e que substituíram os antigos objectivos como indicadores de avaliação, o que significa que o progresso científico que está a ocorrer na sociedade implica mudanças radicais nas instituições educativas, começando pela infraestrutura para a implementação de novas tecnologias e a mais importante é a aplicação de técnicas e métodos na forma de ensinar e aprender para fazer uso significativo dos recursos didácticos nas diferentes disciplinas contidas no currículo. Portanto, as novas tecnologias de informação e comunicação irão, sem dúvida, melhorar muito o processo de ensino e aprendizagem nas diversas instituições de ensino, pois os professores utilizam estas inovações para estimular o interesse dos alunos pela pesquisa e motivar os alunos através da interação com o computador como participantes da sua própria aprendizagem; envolvendo-se com os materiais didácticos nas diferentes áreas do currículo. Considerando que (Introdução: As crianças na era digital, 2017) refere que: "Embora as TIC tenham promovido a partilha de conhecimentos e a colaboração, também facilitaram a produção, a distribuição e a partilha de material sexualmente explícito e de outros conteúdos ilegais que são utilizados para explorar e abusar de crianças. Estas tecnologias abriram novas vias para o tráfico de crianças e novos meios para esconder estas transacções das autoridades policiais. Tornou também muito mais fácil para as crianças acederem a conteúdos inadequados e potencialmente nocivos e, o que é mais surpreendente, produzirem elas próprias esses conteúdos. A utilização das tecnologias torna o processo educativo interessante para os professores, porque orienta o processo que as crianças descobrem através da utilização das TIC na sala de aula, através de uma pesquisa constante, os alunos têm acesso a um Neste sentido, a utilização das TIC dá prioridade à relevância das competências para uma aprendizagem significativa, um desafio colocado pela própria tecnologia.

As TIC de acordo com a atualização e o reforço do currículo

A tecnologia da informação e da comunicação é um conjunto de avanços que inclui novas ferramentas informáticas para a comunicação, neste caso a educação, e ajuda a desenvolver competências macro nos alunos. A ideia é que há diversidade, mas há um propósito de que vivemos numa sociedade do terceiro milénio caracterizada por uma mudança acelerada nos campos científicos e tecnológicos. De acordo com o ponto de vista de (Eduardo Parra Zambrano, 2015) indica o seguinte: Para compreender o processo de integração curricular é necessário, em primeiro lugar, estabelecer as suas bases conceptuais.

Sánchez (2002) define a integração curricular das TIC como o processo de as tornar parte integrante do currículo, como parte de um todo, permeando-as com os princípios educativos e didácticos que compõem o processo de aprendizagem. Isto implica fundamentalmente uma utilização harmoniosa e funcional para um determinado fim de aprendizagem num domínio ou área temática específica. uma disciplina curricular. Esta definição surge como uma síntese das abordagens ao conceito previamente estabelecidas pelos seguintes autores: Grabe & Grabe (1996) referem que a integração ocorre "quando as TIC se enquadram confortavelmente nos planos de ensino do professor e representam uma extensão e não uma alternativa ou adição aos mesmos". Para Merrill, P., K. Hammons, B. Vincent, P. Reynolds, P., L. Cristiansen, e M. Tolman (1996) esta integração implica uma combinação das TIC com os procedimentos tradicionais de ensino para produzir aprendizagem, atitude, mais do que qualquer outra coisa, vontade de combinar tecnologia e ensino numa experiência produtiva que leve o aluno a uma nova compreensão. Por esta razão, tanto a aprendizagem como o ensino da matemática centram-se no desenvolvimento de competências com os critérios de sucesso necessários para que os alunos resolvam problemas do quotidiano, melhorando simultaneamente as suas capacidades de raciocínio lógico e crítico.O conhecimento da matemática não é apenas satisfatório, mas também muito necessário para poder interagir fluente e eficazmente no mundo matemático. A maioria das nossas actividades diárias exige a tomada de decisões com base nesta ciência, criando uma cadeia de considerações lógicas: escolher as melhores opções, comprar produtos, compreender gráficos estatísticos e informativos nos jornais, determinar as melhores oportunidades de investimento, interpretar o ambiente, os bens e as obras de arte, ou seja, aplicá-los ao desenvolvimento da vida quotidiana. Os estudantes têm o direito de receber a melhor educação matemática que lhes permita realizar as suas aspirações pessoais e profissionais na atual sociedade do conhecimento, depois de adquirirem competências que lhes facilitem o acesso a um vasto leque de carreiras e profissões. Por conseguinte, todas as partes interessadas na educação, incluindo as autoridades, os pais, os alunos e os professores, devem trabalhar em conjunto para criar ambientes de aprendizagem adequados. Estas salas permitem que os alunos de todas as capacidades compreendam e aprendam conceitos matemáticos importantes em colaboração com professores qualificados na sua disciplina, devem ensinar e aprender matemática é um desafio tanto para os professores como para os alunos. Com base no princípio da equidade, a utilização da tecnologia e das TIC no ensino da matemática é incentivada, uma vez que é uma ferramenta benéfica tanto para os professores como para os alunos. Esta ferramenta pode melhorar o processo de abstração, transformação e demonstração de alguns conceitos matemáticos, a área da matemática é geralmente considerada como uma disciplina que utiliza apenas quadros negros e giz líquido, mas, pelo contrário, exige que o professor actue como intermediário, que o facilitador pratique a utilização das TIC educativas e que os diapositivos sejam feitos de forma fiável. Um texto fácil de ler ajuda os alunos a visualizar gráficos e cores apelativas que captam a atenção das raparigas, enquanto a tecnologia é essencial para uma aprendizagem significativa. De acordo com esta definição do Ministério da Educação, o importante é que a educação em geral provoque uma mudança significativa, em que os alunos deixem de fazer parte das estatísticas da iliteracia informática e os recursos técnicos sejam utilizados de forma a melhorar a iliteracia. Ao serem eles próprios criadores de conhecimento, alargam as suas capacidades, desenvolvem aptidões e competências para serem cidadãos críticos e atingem a maturidade do conhecimento nas várias disciplinas incluídas no currículo.

FERRAMENTAS PEDAGÓGICAS

A ferramenta mais utilizada é o correio eletrónico, de utilização muito fácil, rápida e fluida, assíncrona; os fóruns e chats permitem a comunicação em tempo real entre muitos utilizadores, através dos quais se enviam documentos, se transmitem ficheiros ou se anexam imagens e sons; a navegação através de browsers. Permitem centrar-se em temas, em publicações electrónicas, revistas digitais, boletins informativos, listas de distribuição (ou de discussão), bases de dados e bibliotecas virtuais que estão disponíveis na rede e podem ser acedidas. Como afirma (Vega, 2018), o importante é que cada ferramenta pedagógica seja criada tendo em conta o processo de desenvolvimento das crianças, as competências a melhorar, as experiências que as crianças vivem com os seus professores na sala de aula, nos espaços abertos do centro e com as suas famílias em casa. Os instrumentos pedagógicos são uma forma divertida de promover o jogo. Oferecem oportunidades abertas para construir torres, simbolizar através do desenho, personificar ou fazer produções tridimensionais; brincar com a luz e a sombra, imitar e desenvolver jogos motores ou de precisão manual.O professor pode utilizar a Internet dentro da sala de aula: desenvolvendo apresentações e recursos interactivos, elaborando documentos complexos com cálculos, mapas ou simulações, ensinando novos conhecimentos e reforçando a O objetivo do projeto é promover a utilização do trabalho professor-aluno, a criação de uma página Web ou a utilização de aplicações de escritório, promovendo a inovação pedagógica ou a utilização de quadros interactivos nas instituições de ensino. Tendo em conta esta situação, quando penso bem no assunto, penso que o impacto das mudanças na educação não é apenas o adiamento do investimento em equipamento e formação, mas também a mudança de atitudes e posturas, e esse processo levará tempo, é possível.

Ferramenta pedagógica do século XXI.

É importante ressaltar que alguns professores confundem o pedagógico com o tecnológico, tendo em vista que falam em incorporar novas mídias como computadores e outros sistemas de apoio para gerar uma mudança educacional, tal mudança é função da ferramenta pedagógica; nesta proposta é a Investigação da Aprendizagem (IA) e a tecnologia é apenas o meio para orientar este processo educacional.A Investigação da Aprendizagem é um plano estratégico para gerar uma dinâmica de trabalho intelectual sobre os problemas da prática profissional. Baseia-se na superação de obstáculos cognitivos, nas competências profissionais e na aprendizagem dos alunos no exercício da investigação científica em todas as áreas.Novas ferramentas e tecnologias facilitam a aprendizagem, pois pesquisas e aplicativos podem ser usados para diagnosticar a compreensão dos alunos em tempo real, o que é fundamental no e-learning, onde grande parte do processo é feito de forma individual.Usando as palavras de (Seminarium, 2018) indica que: Por outro lado, existem quadros virtuais, como o Padlet, bem como documentos partilhados, como o Google Docs, que permitem o trabalho colaborativo e a construção conjunta do conhecimento. Plataformas como o ZOOM e o MEET permitem uma interação constante entre o professor e os alunos e entre os alunos de forma síncrona, bem como permitem uma comunicação fluida entre a comunidade educativa. O que importa ainda são as ferramentas e as novas tecnologias, que permitem a conceção de materiais didácticos, o desenvolvimento de aulas síncronas e a interação em plataformas educativas através de pequenos dispositivos como os telemóveis, permitindo que pessoas que não têm acesso a um tablet ou a um telemóvel possam utilizá-los. As plataformas são instrumentos das novas tecnologias informáticas e de comunicação, por um lado, e a sistematização de todos os processos num esquema inovador de controlo de qualidade através da avaliação linguística em cada etapa da formação profissional, por outro.

O contributo da tecnologia para a aprendizagem da matemática .

A tecnologia ajuda os alunos a aprender matemática, por exemplo, as calculadoras e os computadores permitem que os alunos procurem mais exemplos e representações de formas do que à mão, facilitando-lhes a exploração e a dedução. As capacidades gráficas das ferramentas tecnológicas dão acesso a modelos visuais poderosos que muitos alunos não conseguem ou não querem criar sozinhos. A capacidade das ferramentas técnicas para efetuar cálculos alarga o leque de problemas acessíveis aos alunos, permite-lhes realizar procedimentos de rotina com rapidez e precisão e liberta-os do desenvolvimento de conceitos e modelos matemáticos. A tecnologia pode facilitar o nível de envolvimento dos alunos e a apropriação de ideias matemáticas abstractas. A oportunidade de olhar para o pensamento matemático de diferentes perspectivas enriquece o âmbito e a qualidade da sua investigação. De acordo com (Ricardo Poveda, 2017) fornece-nos a seguinte informação: Certas tecnologias, de uma certa aplicação geral, estão a aparecer de novo no horizonte da educação. As calculadoras e os computadores parecem mais "controláveis" do que a televisão. Podem parecer mais promissores, mas devem sempre ser considerados com a necessidade premente de experimentação para encontrar o ponto ótimo de utilização. Não só isso, mas também é necessário analisar quais as tecnologias mais adequadas ao nosso meio. São várias, pois existem também retroprojectores, videoprojectores, televisores com ecrãs superiores a 1 metro, televisores de ecrã plano com ecrã de cristais líquidos (LCD), videoprojectores, o próprio computador em modo portátil, entre outros. Apesar de terem vindo a baixar de preço, ainda não são muito fáceis de adquirir pelas instituições. Não faz muito sentido comprá-los todos, mas deve-se (ou melhor, pode-se?) escolher muito sabiamente aquele que é económica e culturalmente adaptado a uma condição específica. Também não faz sentido subestimar a utilização das tecnologias em ambientes educativos: se olharmos bem, as tecnologias ajudam em várias situações, desde a simples apresentação de um tema, até à sua utilização pelos alunos num ambiente devidamente programado pelo professor.

A aprendizagem dos alunos é facilitada pelo feedback fornecido através da tecnologia, que também desempenha um papel central na discussão entre eles e com os professores sobre os objectos que aparecem no ecrã e os efeitos das várias transformações dinâmicas que a tecnologia permite aos professores adaptarem as aulas às necessidades específicas dos seus alunos. Os alunos que se distraem facilmente podem melhorar a sua concentração realizando tarefas no computador e os alunos com problemas de organização podem beneficiar das limitações apresentadas pelo ambiente informático. Os alunos que têm dificuldades com os procedimentos básicos podem desenvolver e demonstrar outras formas de compreensão matemática que, em última análise, os ajudarão a aprender os procedimentos, e a utilização de tecnologia especial alarga consideravelmente as possibilidades de ensino da matemática a alunos com deficiências físicas.

ENSINO E APRENDIZAGEM DA MATEMÁTICA

A educação matemática desempenha um papel importante na formação de recursos humanos capazes de responder às exigências científicas e tecnológicas do desenvolvimento social atual. Por outro lado, a falta de motivação para estudar matemática e o lento desenvolvimento de As competências nesta área são obstáculos à concretização destes objectivos e as dificuldades que os professores de matemática têm de enfrentar sistematicamente no exercício da sua profissão.A publicação (Condori, 2021) indica que: O ensino e a aprendizagem da matemática sempre tiveram um lugar preeminente na escola, embora tradicionalmente não tenha sido a disciplina mais popular entre os alunos, foi percebida como um conhecimento menos útil na vida quotidiana, é a que tem mais falhas em quase todos os países, além disso, é julgada como uma disciplina acessível apenas a alunos favorecidos, tanto que em alguns casos tem sido usada como uma medida da inteligência dos alunos (Adamuz e Bracho, 2014; Martínez, 2010). Precisamente devido a estas dificuldades, o ensino da matemática nos diferentes níveis foi e continua a ser uma fonte de preocupação para as instituições, pais e professores. Esta definição tem em conta a necessidade de os alunos desenvolverem conhecimentos que lhes permitam dar sentido ao que estão a aprender. Se tentarmos ensinar os alunos a projetar e solidificar a realidade que os rodeia, sem procurar analogias com o mundo real, sem valorizar os conceitos de pontos e rectas que os alunos elaboram intuitivamente, o que podemos conseguir é que os alunos aprendam por repetição, mas acabem por se tornar incapazes de responder aos problemas que estão a aprender. Ora, se é verdade que a aprendizagem significativa é eficaz nos níveis identificados pelos investigadores, não é de excluir a sua possível implementação no ensino superior; os professores, ao contrário dos alunos dos níveis anteriores, desenvolvem estratégias que visam responder às exigências e motivações que instigam o uso da tecnologia na educação. Quer se considere que os conteúdos educativos são adequados para se ligarem a situações da vida real ou a outros domínios, a carreiras seguidas pelo aluno ou a questões históricas relacionadas com a aprendizagem da matemática, coloca-se naturalmente a questão de como aplicar uma aprendizagem significativa; identificando os conhecimentos prévios dos alunos relevantes para o que pretendem aprender, verificando se os alunos dominam esses conhecimentos e implementando actividades se a reativação for difícil, planeando actividades diferenciadas para alunos com dificuldades, considerando que isto tem de estar relacionado com a prática e outros domínios, ou com o desenvolvimento histórico da própria matemática, e não pode ser resolvido com os conhecimentos existentes.A utilização de ferramentas informáticas motiva os alunos desde o início e permite uma instrução diferenciada no ensino da matemática, favorecendo assim uma aprendizagem significativa. Temos o grande desafio de definir métodos e estratégias que nos permitam disponibilizar todos os recursos de que necessitamos. A Informática e as TIC (Tecnologias de Informação e Comunicação) defendem a integração do trinómio TIC de alunos e professores para uma aprendizagem significativa no ensino. Matemática.

Ensino eficaz da matemática.

A avaliação das aprendizagens passou a impor certas responsabilidades artificiais ao aluno no decurso da educação, irrelevantes para os princípios e objectivos da pedagogia, especialmente da educação matemática, o interesse pela auto-aprendizagem da matemática diminuiu significativamente, o que significa que a responsabilidade pela aprendizagem da matemática e, em muitos casos, pela aprendizagem em geral, tende a ser muito reduzida. A flexibilidade na educação matemática não se deve limitar a estes dois casos; é também importante considerar a evolução do problema e a sua investigação, quer a solução seja correcta ou parcialmente correcta, através da flexibilidade educativa que inclui também o elogio e o reconhecimento da participação dos alunos e das estratégias criativas de solução. De acordo com informações de (MORA, 2003), diz que: a preparação das unidades didáticas no campo da matemática requer conhecimentos didáticos adequados e especiais das disciplinas que poderão estar envolvidas nos problemas e situações intra ou extra-matemáticas. A resolução de tais problemas deve ser sempre entendida no quadro dos conhecimentos matemáticos correspondentes, o que facilita consideravelmente a aprendizagem, sem causar frustração ou rejeição didática. Isto não significa que não se possa recorrer a soluções gerais e a modelos previamente estabelecidos, o que facilita a resolução dos problemas gerados pela matéria correspondente.Também se deve ter em conta que cada nova situação conduz a soluções obviamente inesperadas ou desconhecidas. É tarefa do professor prever, até certo ponto, os acontecimentos didácticos que podem ocorrer durante o desenvolvimento das actividades de ensino e aprendizagem. A este respeito, os professores necessitam não só de preparação e conhecimentos disciplinares, didácticos e pedagógicos, mas sobretudo de tempo e recursos didácticos suficientes. Hoje em dia, graças a vários estudos realizados no domínio da educação matemática, muitas raparigas e mulheres jovens têm efetivamente dificuldades matemáticas, por vezes muito acentuadas, apesar da importância de uma educação matemática abrangente. Para a disciplina e para a sociedade em geral. No entanto, estas dificuldades podem ser resolvidas através do desenvolvimento do trabalho didático na sala de aula, utilizando métodos de ensino e aprendizagem colectivos e individuais, sempre adaptados às diferenças e características específicas do grupo. Por outro lado, é também importante referir que não são apenas os alunos que necessitam de apoio que enfrentam grandes dificuldades, mas também aqueles que têm um forte interesse pela Matemática. Tanto os alunos como os professores têm um impacto decisivo no sucesso do processo de ensino e aprendizagem da

Matemática; ambos são responsáveis pelo desenvolvimento e pelos resultados da prática educativa; têm de aceitar os seus pontos fortes e fracos e respeitar-se mutuamente no seu trabalho, na sua aprendizagem e no seu ensino. A responsabilidade pela própria aprendizagem e pela educação livre não implica a existência e aceitação de incapacidades didácticas, pelo contrário, exigirá mais atenção por parte de alunos e professores. Um ensino crítico e progressivo exige mais ação no processo e uma melhor noção dos conteúdos, nomeadamente dos conteúdos matemáticos. A dificuldade de aprender matemática está em grande parte relacionada com o baixo nível de atividade nas actividades matemáticas dos alunos, pelo que este é um problema didático que pode ser resolvido por conceitos progressivos na pedagogia.

A INTEGRAÇÃO DAS TIC NA MATEMÁTICA

O objetivo do ensino básico e secundário deve ser que os alunos adquiram as "competências matemáticas" necessárias para compreender, utilizar, aplicar e comunicar conceitos e procedimentos matemáticos. A capacidade de obter, através da exploração, abstração, classificação, medição e inferência, resultados que permitam a comunicação, a interpretação e a expressão. Significa descobrir que a matemática é relevante para a vida e as circunstâncias que a rodeiam fora dos muros da escola. Os professores precisam de considerar as melhores práticas para o ensino da matemática, uma vez que o ensino tradicional da matemática provou ser ineficaz. ferramentas avançadas. Uma comunidade rica em recursos matemáticos. As ferramentas de conceção e construção são também ferramentas para explorar a complexidade, a maioria das quais está disponível gratuitamente na Internet. A integração das Tecnologias da Informação e da Comunicação (TIC) na ciência da Matemática, esta disciplina, em comparação com o campo de ação da Linguagem, é fundamental na expansão imaterial dos alunos. oferecer ferramentas para "tornar-se iluminado para pensar" e para "tornar-se iluminado para se tornar iluminado". De entre as disciplinas curriculares, a Matemática tem sido tradicionalmente uma queixa de porta-estandarte para educadores, pais e alunos, uma medida generalizada de alunos sente choque e pobreza de afeto quando confrontados com esta disciplina.Os testes aplicados aos alunos mostram que há muito a fazer para obter melhores resultados em Matemática.

É evidente que os alunos realizam confortavelmente operações simples envolvendo uma ou mais variáveis, eles já têm problemas quando têm que conectar variáveis complexas e têm que ler, adicionar e modificar gráficos no poder dos problemas.Sob este esquema indica (Jimenez, 2018) que: Embora as TIC sejam de grande importância social e económica, não são utilizadas de forma adequada e satisfatória nos Estados Unidos e em muitos outros países do mundo. A informática faz parte do ambiente em que a vida se desenrola, pelo que é cada vez mais urgente aprender a viver com ela e a explorar o seu indubitável potencial. As diferentes alturas de ensino têm como objetivo permitir aos alunos alcançar as competências matemáticas necessárias para compreender, utilizar, atribuir e informar conceitos e procedimentos matemáticos que possam através da exploração, abstração, classificação, proporção e estimativa, concentrar-se em resultados que lhes permitam ser sinceros e executar interpretações e representações; é propor, acertar em cheio que a matemática se relaciona com o semblante e com as situações que os rodeiam, é propor tornar a sua formação significativa.

CONCLUSÕES E RECOMENDAÇÕES

No final do trabalho de investigação que se segue, podem ser tiradas as seguintes conclusões e recomendações sobre o impacto da tecnologia como ferramenta pedagógica para facilitar a aprendizagem da matemática.

Conclusões

Todo o apoio tecnológico pedagógico deve ter um objetivo claro e preciso de forma a corresponder às expectativas esperadas, caso contrário o feedback será a peça chave e fundamental para chegar aos alunos com os conhecimentos de que necessitam. Os professores necessitam de uma formação contínua ao abrigo de conceitos pedagógicos e metodológicos que lhes permitam responder à formação do ser humano. com integridade, com capacidades suficientes para se inserirem produtivamente na sociedade. A disciplina de matemática permite a interpretação da realidade, isto é conseguido quando o elo de dependências é transformado num elo onde cada um contribui com o melhor de si, normalmente a instituição dá aos alunos o compromisso com a sua aprendizagem e com uma determinada disciplina dentro da comunidade educativa.

Recomendações.

Evitar comparações das suas capacidades com as de outros alunos ao rever as suas notas, ajudá-los a confrontar-se e recompensar os seus esforços para compreender conceitos básicos através de palavras de encorajamento e felicitações. Os pais devem resolver com uma prática de exercícios e participar ativamente na formação dos seus filhos. Na Internet, existem programas de aulas de matemática dirigidos aos pais, onde são apresentadas recomendações para a correção em matemática na escola primária. Os professores têm a tarefa de, numa escala de métodos, técnicas e estratégias educativas que lhes permitam lidar com o crescimento do argumento racional numérico dos alunos e ensiná-los a amar a seriedade do exame desta disciplina, bem como assumir a responsabilidade com estratégias simples na praxis pedagógica para ativar a aula, considerando as novas realidades educativas, as características dos seus alunos e os ambientes onde se desenvolvem. O benefício de estratégias lúdicas nas primeiras séries da formação básica, a fim de tornar a preparação da matemática divertida, actividades como colorir figuras para confrontar a geometria, dias de jogos educativos podem ser planeados para os alunos praticarem, resolvendo problemas que estimulam o crescimento da velocidade mental.

BIBLIOGRAFIA

Acuña, B. P. (janeiro de 2011). Métodos científicos de observação em educação. Recuperado de https://www.researchgate.net/.../262817848_Metodos_cientificos_de_observacion_en_E...

Alícia Marti (6 de outubro de 2020). Como incorporar as TIC na sala de aula: propostas concretas e fáceis de aplicar. Recuperado de https://docentes.algareditorial.com/blog/59/incorporar-tic-aula- propuestas-concretas-faciles-docentes

Ana VIÑALS BLANCO, J. C. (2016). O papel do professor na era digital. Recuperado de https://www.redalyc.org/journal/274/27447325008/html/

Angulo, J. S. (13 de janeiro de 2017). Sobre população e amostra na investigação empírica. Recuperado de https://cuedespyd.hypotheses.org/2353

Arnoletto, E. J. (2013). Los conflictos en los procesos sociales. Córdoba Argentina: Fundacion Universitaria andaluza Inca GArcilaso para Eumed.net.

Berchon, M. (2014). A impressão 3d. Editorial Gustavo Gili, SL, Barcelona, 2016.

Chagoya, E. R. (2008). Desenho teórico metodológico da investigação. Recuperado de Gestiopolis: https://www.gestiopolis.com/diseno-teorico-metodologico- de-la-investigacion/

Cristo, A. J. (2007). Cultura de paz e reformas educativas. Retrieved from www.uasb.edu.ec/.../educacionenyparalosderechoshumanos/.../Culturadepazyreformas....

Empresas, S. d. (dezembro de 2012). Guia de medição. Recuperado de http://appscvs.supercias.gob.ec/guiasUsuarios/images/guias/proc_cm/guia

_mediacion.pdf.

Condori, A. P. (2021). Aprender Matemática para o século XXI. Recuperado de http://repositorio.unae.edu.ec/bitstream/56000/2122/1/Didacticasmatema ticas-17-48.pdf

Correa, A. G. (2004). A mediação: Técnica de resolución de conflictos en contextos escolares. Anuaria de Filosofia, Psicologia y Sociologia, 10.

EcuRed (11 de maio de 2018). Poblacion. Recuperado de https://www.ecured.cu/Poblaci%C3%B3n

Eduardo Parra Zambrano, R. P. (2015). Integração curricular das TIC. Recuperado de https://www.oas.org/cotep/GetAttach.aspx?lang=es&cId=412&aid=707

Educação, M. d. (28 de setembro de 2012). www.educacion.gob.ec. Recuperado de https://educacion.gob.ec/wp-content/plugins/download-monitor/download.php?.

Educação, P. (21 de julho de 2020). O ensino e o futuro da programação. Obtido em https://pinion.education/es/blog/ensenanza-y-futuro-de-la-programacion/#footermovil

Graterol, R. (2011). La investigacion de Campo. Estado de Mérida Venezuela.

Gutierrez, A. C. (2011). La mediacion internacional en el sistema de las naciones unidad y en la Unjon europea:Evolucion y retos de futuro. Revista de mediacion, 29. Obtido em www.ammediadores.es/nueva/wp-content/uploads/2014/12/Revista-8.pdf

Instrodução: As crianças na era digital (2017). Retrieved from Unicef: chrome-extension://efaidnbmnnnibpcajpcglclefindmkaj/https://www.unicef.org/media/48611/file

Jimenez, J. J. (2018). Las tiques: um novo desafio para a sala de aula. Retrieved from chrome-extension://efaidnbmnnnibpcajpcglclefindmkaj/https://archivos.csif.es/archivos/andalucia/ensenanza/revistas/csicsif/revista/pdf/Numero_13/JUAN_J_BAENA_1.pdf

Joranporre (2015). Investigacion Bibliografica. Recuperado de http://mtu-pnp.blogspot.com/2013/07/la-investigacion-bibliografica.html

Lopez, P. L. (2004). Scielo Bolívia. Recuperado de Poblacion Muestra y Muestreo: www.scielo.org.bo/scielo.php?script=sci_arttext&pid=S1815....

Manual Básico de Formação de Mediadores (18 de maio de 2009). Recuperado de https://www.santafe.gov.ar/index.php/web/content/download/71289/345 896

Maricel Occelli, L. G., & Gatica, M. Q. (2019). As TECNOLOGIAS DE INFORMAÇÃO E COMUNICAÇÃO como ferramentas mediadoras dos processos educacionais. Recuperado de http://biblioteca.clacso.edu.ar/clacso/se/20191128031455/Tecnologias- digital.pdf

Martin, F. a. (2011). O inquérito: uma perspetiva metodológica geral. Espanha: Caslon S.L. Matilde Hernandez.

Mateo, S. M. (2010). Quem somos, para onde vamos..... origem e evolução da conceito de mediação. Mediação, 8.

Merino, P. y. (2010). A investigação. Em P. y. Merino.

Monterrey, T. (2005). Estratégias para um ensino eficaz da matemática. Obtido em http://www.cca.org.mx/ps/profesores/cursos/depeem/html/contenidos/module1/theme1-3.htm

MORA, C. D. (2003). Estratégias para aprender e ensinar matemática.

Recuperado de Revista Iberoamericana de Educación Matemática: http://ve.scielo.org/scielo.php?script=sci_arttext&pid=S0798-97922003000200002

NUEZ, M. B. (2008). OEI - Revista Iberoamericana de Educación. Recuperado de "ESTRATEGIAS EDUCATIVAS PARA EL USO DE LAS NUEVAS TECNOLOGIAS DE
LA: https://rieoei.org/RIE/article/download/3008/3911/

Paula, C. G., & Caldeiro, P. G. (2014). MEDIAÇÃO ESCOLAR. Recuperado de https://educacion.idoneos.com/355341/

Peña, L. B. (2010). A revisão da literatura. Colômbia.

Projectos, F. y. (13 de junho de 2011). Projeto viável. Recuperado de http://proyectofactible6.blogspot.com/

Ricardo Poveda, M. M. (2017). AS NOVAS TECNOLOGIAS NO ENSINO E APRENDIZAGEM DA MATEMÁTICA. Retrieved from https://www.centroedumatematica.com/aruiz/libros/Uniciencia/Articulos/Volume1/Part6/article10.html

Rossana, C. A. (janeiro de 2021). Revista Atlante: Cadernos de Educação e Desenvolvimento . Retrieved from El uso de las Tic en el proceso de Enseñanza y Educación.

Aprendizagem: chrome-extension://efaidnbmnnnibpcajpcglclefindmkaj/https://www.eumed.net/uploads/articles/24f38807a68414015be264023a0fb0b9.pdf

Ruiz, P. (30 de outubro de 2012). Recuperado de Que es la tecnologia: https://aptandalucia.wordpress.com/2012/10/30/que-es-la-tecnologia/

Seminarium, F. E. (2018). Ferramentas digitais: Os novos desafios e oportunidades na educação do século XXI". Retrieved from https://www.fundacionseminarium.com/herramientas-digitales-los-nuevos-desafios-y-oportunidades-en-la-educacion-del-siglo-xxi/

Tamayo, M. T. (2003). O processo de investigação científica. Balderas, México: Limusa S.A. Grupo Noriega Editores.

Torrengo, J. (2001). Mediação de conflitos em instituições educativas. Madrid: Narea S.A.

Unesco (2014). Organização das Nações Unidas para a Educação, a Ciência e a Cultura. Rctrieved from Módulo Teórico e Prático sobre Prevenção da Violência Escolar e Resolução de Conflitos: http://unesdoc.unesco.org/images/0024/002471/247141s.pdf.

Vega, J. (13 de junho de 2018). Ferramentas pedagógicas, um recurso para melhorar o desenvolvimento das crianças através do jogo. Retrieved from https://maguared.gov.co/las-herramientas-pedagogicas-un-recurso-para-potenciar-el-desarrollo-el-los-ninos-por-medio-medio-del-juego/

VIVES, J. (23 de junho de 2021). A robótica como ferramenta educativa. Recuperado de LA Vanguardia: https://www.lavanguardia.com/vida/junior-report/20210623/7551118/robotica-herramienta-educativa.html

Printed by Books on Demand GmbH, Norderstedt / Germany